难不倒的克克罗

U0155587

◎ 机械里的科学课 ◎

这就是飞机

This is the Airplane

克克罗带你认识机械

上尚印像 / 编绘

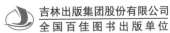

吉林出版集团股份有限公司

全国百佳图书出版单位

人类对头顶上的那片天空总是心驰神往，却又心怀敬畏。千百年来，人类通过不断探索终于发明了飞机，实现了飞天的梦想。你了解飞机吗？你知道飞机为什么可以飞上天吗？接下来，就和克克罗一起去揭开飞机的奥秘吧！

我要是像大雁一样有一对翅膀，
是不是也能飞那么高呢？

这就是飞机
THIS IS THE AIRPLANE
克克罗带你认识机械

一起来了解飞机知识吧!

飞机出现以前，人类为实现飞天梦做了哪些努力？

自古以来，人类就有飞翔的梦想。无数的先行者试图像鸟一样展翅飞翔。

1616 年，克罗地亚发明家福斯特背着自己发明、制作的降落伞，成功从威尼斯的圣马可钟楼跳下来。

1678 年，法国锁匠贝尼埃设计了可以像鸟的翅膀一样扇动的机械翅膀。他借助这套装置成功地从屋顶飞下。

1742 年，法国人巴凯维尔尝试穿着一套像昆虫翅膀的滑翔装置飞跃塞纳河，却以失败告终。

1783 年，法国孟格菲兄弟制作了世界上第一个热气球，并成功地载人飞行了 25 分钟。

1783 年，法国科学家雅克·查理等 3 人制作了载人氢气球，飞行时间长达 2 小时 5 分钟。

在地球大气层内飞行的飞行器都属于航空器。

1784 年，法国军官芒斯纳埃成功设计出橄榄球状飞艇，需要 80 个人驱动螺旋桨。

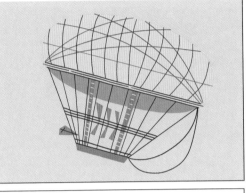

1809 年，瑞士钟表匠雅各布·德根发明了带气球的，并用双手控制双翼的滑翔机。

我可以控制方向！

1852 年，法国人亨利·吉法尔建造了一艘以蒸汽机为动力的雪茄状飞艇。

有动力的感觉真棒！

1884 年，法国军官路纳德和克里布发明了以电动机为动力的法兰西号飞艇。

这样可以飞得更远！

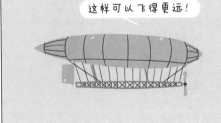

1891 年李林塔尔开始研究滑翔飞行，并成功发明了多款滑翔机。直到 1896 年，他累计飞行 2000 次以上，被称为德国的滑翔之王。

速度越来越快啦！

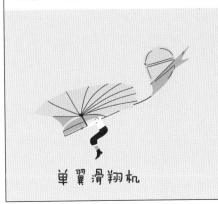

单翼滑翔机

双翼滑翔机

究竟是谁发明了飞机？

1903 年，美国莱特兄弟设计出了飞行者 1 号——世界上第一架飞机就这样诞生啦！它的诞生，多亏了莱特兄弟对活塞式发动机的改造。最初，莱特兄弟制造了三架滑翔机。在进行了上千次飞行后，他们决定为滑翔机增加动力，于是就给滑翔机安装了螺旋桨和活塞式发动机。但当时的活塞式发动机是安装在汽车上的，对于飞机来说还是太重了。于是他们就开动脑筋，为发动机"减重"，最终让飞行者 1 号轻盈地飞上了天空！

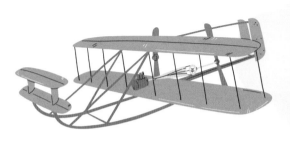

1
飞行者 1 号

世界上第一架双翼动力飞机，人类可以操纵它自由地在天空飞行！

2
飞行者 3 号

动力更强，且安装了驾驶座椅，创下了 140 分钟完成 125 千米闭环飞行的纪录。

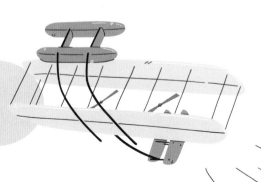

3
莱特 B 型

装有起落架，且起落架两侧各装有一对轮子，是世界上第一架装配刘易斯机枪的战斗机。

4
莱特 R 型

采用轮式起落架，是一架后来被用
于战争的飞机。

1912 年，哥哥威尔伯去世后，弟弟奥维尔因经营不善，于 1915 年将莱特公司出售了。1948 年，弟弟也与世长辞了。莱特兄弟的传奇就此落幕，但是人类的飞行梦想却刚刚开始……

没错，就是我俩
发明的飞机！

弟弟 奥维尔·莱特

哥哥 威尔伯·莱特

克克罗小课堂：飞机为什么能飞？

你知道飞机为什么能飞起来吗？让我们一起来探索飞机飞行的奥秘吧！

1 一张纸，揉成团不可以飞，但如果折成飞机就可以飞，这是为什么呢？

纸飞机的翅膀与空气摩擦可以产生升力，速度越快升力越大。

2

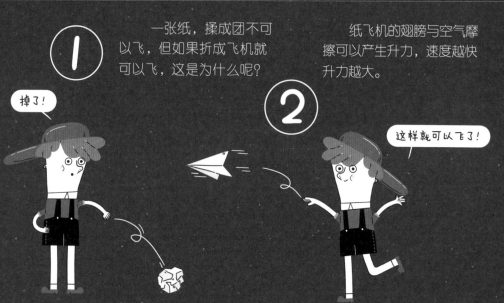

掉了！

这样就可以飞了！

3 纸飞机被抛出时由四个力来保持平衡。当这四个力平衡时，纸飞机就可以飞行一段距离，但为什么飞行一会儿就会掉下来？

推力

升力

推力

空气阻力

飞机自身重力

4 纸飞机在飞行一段时间后，空气阻力变大，重力大于升力，四个力无法平衡，纸飞机就会掉下来。（重力也叫地心引力，是地球吸引其他物体的力；升力是空气把物体向上托的力。）

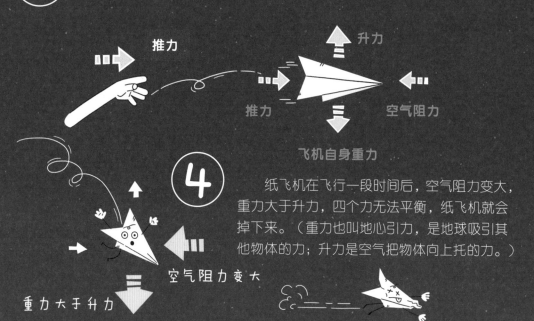

空气阻力变大

重力大于升力

5

飞机之所以能飞起来，也是这个原理。但为什么它能一直飞，不会像纸飞机一样掉下来呢？那是因为它有个强大的发动机，可以持续产生推力。

6

飞机起飞时，发动机就像抛纸飞机的手，为飞机提供动力。飞机向前飞行，机翼撞击空气，产生升力。飞机起飞时，机头向上微翘，这时升力大于重力，飞机就飞起来了。

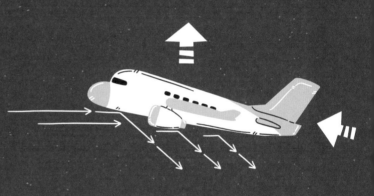

7

发动机会提供持续的推力维持四个力的平衡，这样就能使飞机长时间在空中平稳飞行啦！

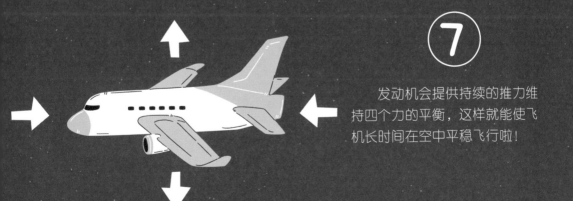

战斗吧，钢铁雄鹰！
——战斗机的诞生及演变

飞机被发明出来后，起初主要在战争中执行侦察、巡逻等任务。后来，随着作战需求越来越高，它被装配上越来越多的武器，变成了战斗机。

1910 年，飞机在墨西哥革命战争中第一次出现，主要用于执行侦察、巡逻等任务。

他也在巡逻。

有一天，双方的飞机在空中相遇，其中一方士兵开始向对方射击。

双方飞行员驾驶飞机开始互相追逐射击，但都没有击中对方。这场空中追逐战让所有人都意识到飞机将成为一种可怕的空中武器。

这样射击太不方便了！

飞机要是自带武器就好了！

1911 年 9 月，意大利军队首次使用飞机对土耳其进行轰炸。但当时采用的是人工投掷炸弹的方式。

后来，越来越多的国家意识到使用飞机作战的优势。因此，第一次世界大战爆发后，各国已经出现了配备专用武器且有专人操纵的作战飞机。

我暴露在外面，太危险了！

克克罗时间

第二次世界大战期间涌现出了很多优秀的"钢铁雄鹰"：P51 野马战斗机、喷火式战斗机、La-7 战斗机……它们雄姿傲然，将活塞式战斗机的性能展现到了极致。

1915 年 2 月，一架法国莫拉纳－桑尼埃单座飞机将德国的一架侦察机击落，取得了空中作战的第一次胜利，这架飞机被称为历史上第一架战斗机。从此后，战斗机在战争中被广泛应用。

我才是真正的战斗机！

螺旋桨

1915 年，德国发明了装配机枪射击协调器的福克 E 战斗机，可以让机枪的子弹从螺旋桨桨叶间隙穿过，提高射击准确率。

我可以边驾驶边射击了！

为了提高作战效率，美国在第二次世界大战期间研制出了机翼上可以装配 4 挺机枪的 F4F 战斗机，成功取得了空中控制权。

我们可以称霸天空啦！

之后，美国又在 F4F 战斗机的基础上发明了装配 6 挺机枪和可外挂炸弹或鱼雷的复仇者战斗机。

我的战斗力更强哦！

英国也在第二次世界大战期间发明了装配 4 门机炮和外挂 250 千克炸弹的喷火式战斗机。（250 千克相当于一只老虎的体重。）

我才是最先进的战斗机！

雄鹰战士成长记

——突破活塞式战斗机的瓶颈

活塞式战斗机的性能在第二次世界大战时达到了顶峰，无法再提高了。于是，一种更先进的动力装置——涡轮喷气式发动机应运而生。它通过点燃加压过的空气产生巨大的推力。有了更强劲的"心脏"，战斗机也变得更强大了！

1 亨克尔 HE – 178 喷气式飞机

是德国飞机设计师亨克尔于 1939 年研制出的世界上最早的涡轮喷气式飞机。

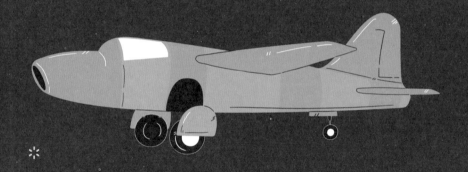

2 梅塞施密特 Me262 喷气式战斗机

是德国梅塞施密特公司于 1942 年研制出的第一架投入实战的喷气式战斗机。

3 歼-5 喷气式战斗机

是中国沈阳国营 112 厂（今沈阳飞机工业集团有限公司）于 1956 年研制出的第一架国产喷气式战斗机。

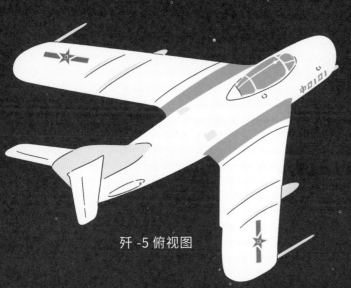

歼 -5 俯视图

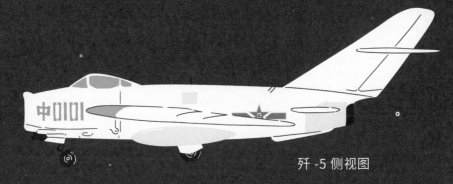

歼 -5 侧视图

喷气式战斗机突破了活塞式战斗机性能的极限，使战斗机进入了一个崭新的时代。

克克罗时间

歼 -5 喷气式战斗机是中国制造的第一种喷气式战斗机。飞机全金属结构，体积小、重量轻、低空机动性能好，装配涡喷 -5 型发动机。歼 -5 的研制装备，标志着我国成为当时世界上能够成批生产喷气式战斗机的少数国家之一。

集合啦！无所不能的钢铁雄鹰战队！

如今，飞机的军事用途更加广泛。我们一起来看看这些保卫国家的"飞行守护者"吧！

空中加油机

在机尾或机翼下方的吊舱内装配油箱和加油设备，用于给飞行中的飞机补充燃料。

军用运输机

具有较大的载重量和较强的续航力（指飞机一次装足燃料后能行驶或飞行的最人航程），且可以在昼夜气象复杂的条件下飞行，用于运送军事人员、武器装备和其他军用物资。

侦察机

善于高速飞行，主要用于空中侦察、获取情报。

电子对抗飞机

装配了多频段（无线电波按频率高低分成不同的段）、大功率雷达和通信噪声干扰系统，用于干扰敌方的雷达和通信设备。

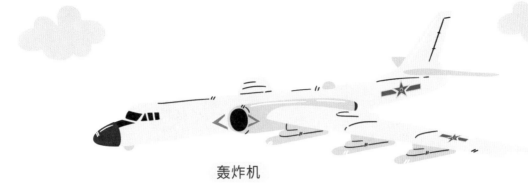

轰炸机

装配多种武器，用于投掷炸弹、核弹、巡航导弹或发射空对地导弹。

空中预警机

装有远程警戒雷达，用于侦察、通信、指挥、控制。

攻击机

装配多种对地攻击武器，用于低空、超低空作战，支援地面部队作战，以及搜索地面小型隐蔽目标。

舰载机

具有良好的起飞性能和操控性，可以在航空母舰上起降，用于海战。

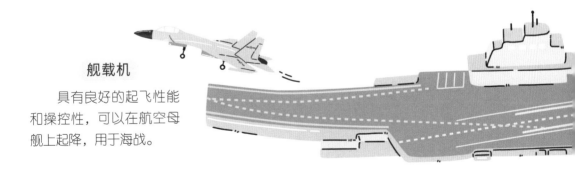

军用飞机还有很多，比如无人机、巡逻机……你还知道其他的军用飞机吗，快来说一说吧！

除了保卫国家，飞机还能做什么？

飞机不仅仅用于战争，我们的日常生活中缺少不了它们的身影。有哪些飞机在为我们服务呢？一起来看看吧！

民航客机

体形较大，载客量较大，主要用于国内及国际的商业航班。

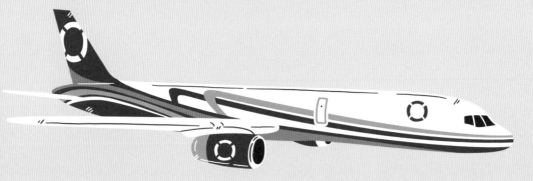

民用货机

将客舱里的座椅、装饰等服务设施拆卸下来，民航客机就被改装成了民用货机。它有足够的空间装载货物，为我们运送物资。

公务机

小型飞机，可乘 4—10 人，主要用于行政事务和商务活动。

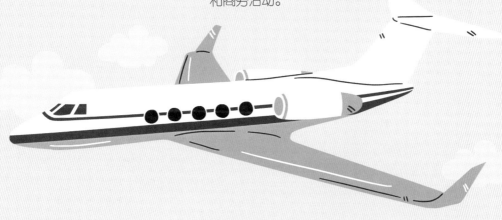

通用航空飞机

通用航空飞机能为我们做的事情可太多啦：空中巡逻、空中救助、小型专线货运、资源勘测、农林防护、飞行员培训、休闲观光……它是个无所不能的多面手！

成都大运号是第一架降落在天府国际机场的民航客机。

克克罗时间

成都大运号主题涂装飞机，由一架空中客车 A330-343 喷绘而成，拥有 301 个客座，62.8 米长的机身上喷绘的图案除世界大学生运动会元素外，还有 3 只憨态可掬的大熊猫。这既是一架代表成都形象，具有四川特色的飞机，也是川航"熊猫之路"对外开放交流的一张名片。

孤身飞越大西洋

1902 年，查尔斯·林德伯格出生了，谁也没想到这个孩子日后会成为震惊世界的大人物。

先生，是个男孩！

哇、哇、哇……

太好了！

林德伯格小时候和其他同龄孩子一样淘气，经常玩儿一些冒险游戏。

我比你厉害！

嘿！

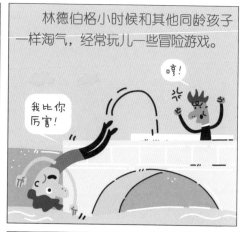

1919 年，一位叫奥泰格的商人出资 2.5 万美元，奖励第一位可以从美国纽约一直飞到法国巴黎的飞行员。

谁能做到，这钱就归他了！

$25000

哇！

这之后的 8 年里，有 3 位飞行员都尝试夺取奥泰格的奖金，但他们都失败了。

又一个飞行员失败了！

1920 年，18 岁的林德伯格加入了美国陆军航空兵团，成了美国空军的一员，也开启了自己的飞行之路。

我终于成了飞行员！

1927 年春天，林德伯格决定尝试夺取奥泰格的奖金。

我要把飞机降落在巴黎！

我们一起来看看明星飞行员的故事吧!

林德伯格知道想要完成挑战,需要一架续航能力强的飞机。于是他说服了圣路易斯的9位商人出资订制了一架重量较轻、燃油效率更高的飞机。

我们相信你!

我一定会成功的!

1927年5月20日,林德伯格驾驶着圣路易斯精神号飞机从纽约长岛的罗斯福机场起飞了。

加油!

林德伯格凭借充分的准备、高超的驾驶技术和丰富的飞行经验,独自在空中飞行。

1927年5月21日晚上,林德伯格驾驶的飞机在巴黎成功着陆。全程飞行了33小时33分钟,航程5810千米。

真棒!

哇!

之后,奥泰格也兑现了他的承诺,奖励林德伯格2.5万美元。

孩子,你真是好样的!

谢谢先生!

林德伯格创造了人类历史上第一次飞越大西洋的不着陆飞行纪录,推动了航空事业的发展。

我最棒!

克克罗小课堂：飞机的"世界之最"

世界航空史上有很多辉煌的篇章，除了勇敢智慧的飞行员，还有很多创造了"世界之最"的钢铁勇士，让我们一起来认识一下吧！

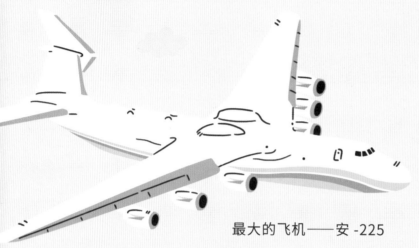

最大的飞机——安-225

目前世界上最大的飞机是乌克兰的安-225运输机。它的机身长84米，载重达250吨。

最小的载人飞机——"蟋蟀"

目前世界上最小的载人飞机是法国研制的"蟋蟀"。这是一架轻型飞机，翼展4.9米，机身长3.9米，高1.2米，跟一辆小轿车差不多大。

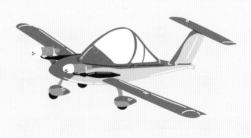

飞得最远的载人飞机——旅行者号

目前世界上飞得最远的载人飞机是旅行者号。它在空中连续飞行了9天3分44秒，完成了长达40407千米的环球飞行。

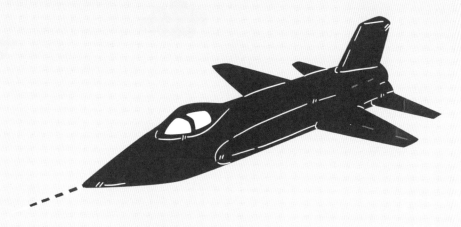

飞得最高的飞机——X-15

目前世界上飞得最高的飞机是美国研制的 X–15。它是以火箭为动力的高空高速研究机，曾飞到约 10.8 万米的高度。

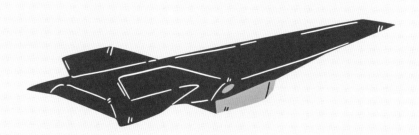

飞得最快的飞机——X-43A

目前世界上飞得最快的飞机是美国研制的 X–43A 无人驾驶飞机。它在第三次飞行试验中，飞行时速超过 11265 千米 / 时。

北京大兴国际机场被誉为"新世界七大奇迹"之一。

克克罗时间

2019 年 9 月 25 日正式投入使用的北京大兴国际机场成功地吸引了全球的目光。北京大兴国际机场的航站楼建筑面积约 70 万平方米，相当于北京故宫的占地面积，是世界上规模最大的单体航站楼。

民航客机身上的小秘密

在这么多种飞机里，民航客机与我们的生活息息相关。它看起来气势雄壮，很酷！但你知道它各个部分叫什么，都有什么作用吗？

机身

由铝、钛、钢组成的复合材料制成，可以减轻飞机的重量，改善飞机的飞行性能。

气象雷达

可以检测雷暴。

起落装置

飞机的前后起落架的轮子都配备了强劲的刹车系统。

动力装置

涡轮喷气发动机安装在机翼下，发动机产生的推力是飞机升空的动力。

尾翼

分垂直尾翼和水平尾翼，可以让飞机在飞行时保持平衡。

机翼

左边和右边的两个形同翅膀的机翼，是为飞行提供升力的主要部件。

1970年，波音747就投入服务了。

克克罗时间

民航客机中较常见的就是波音747，它拥有"空中女王"的美誉，是世界上首款宽体民用飞机。波音747采用双层四发动机设计，最大载客量可达524人。

揭秘民航客机的钢筋铁骨

飞机最主要的部分就是机身，它不仅连接着机翼、尾翼等部件，还肩负着装载旅客、货物和各种设备的重任。要完成这么重要的任务，它的钢筋铁骨里一定有秘密！

机身结构 **1**

现代飞机的机身结构是由纵向元件和横向元件以及蒙皮组合而成，其设计目的是保证飞机在飞行时机身受压稳定性更好。

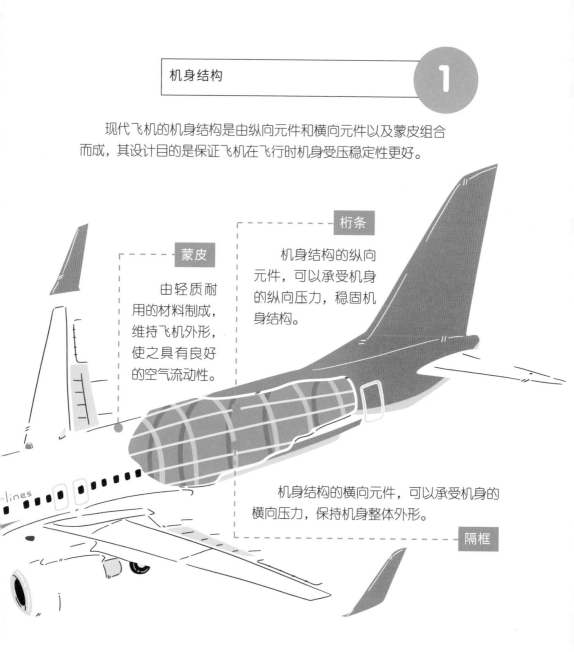

桁条

机身结构的纵向元件，可以承受机身的纵向压力，稳固机身结构。

蒙皮

由轻质耐用的材料制成，维持飞机外形，使之具有良好的空气流动性。

机身结构的横向元件，可以承受机身的横向压力，保持机身整体外形。

隔框

机身主要功能

2

客舱

客舱用于运载乘客，一般分为头等舱、商务舱和经济舱。

机身尽量圆滑，以减小空气阻力。

行李舱主要存放乘客的行李。行李会由拖车运送至飞机行李舱中，随飞机一起到达目的地。

行李舱

隔框就是飞机的骨架。

克克罗时间

机身中间的隔框的规格尺寸是完全相同的。这主要是因为加工生产时比较方便，且只要制造厂家在中间添加或者减少几个框架，就可以使机身加长或缩短了，大大地提高了工作效率。

飞机为什么能在天上自如飞行？

高空中充满强大的气流，飞机却能通过升降、倾斜、偏航等动作穿梭其中，飞行自如。它是怎么做到的呢？

机翼是安装在飞机两侧，为飞机提供升力的装置，它可以保证飞机在空中平稳飞行。尾翼是安装在飞机尾部，控制飞机俯仰、倾斜的装置，它可以增强飞机的稳定性。那你知道它们是如何工作的吗？快让克克罗给大家讲解一下吧！

偏转升降舵，我就可以上升和下降了！

飞机是如何实现上升和下降的？

飞机的上升和下降主要依靠位于尾翼末端，可以上下偏转的升降舵。当飞机需要上升时，升降舵向上偏转，气流会对尾翼产生向下的力，将尾翼下压，飞机就会抬头上升。当飞机需要下降的时候，升降舵就进行相反的操作。

飞机是如何实现左右倾斜的?

飞机左右倾斜主要依靠位于机翼外侧,可以上下摆动的副翼。当飞机想要向右倾斜时,左侧的副翼会向下偏转,升力增大;右侧的副翼会向上偏转,升力减小,这样飞机就会向右侧倾斜。当飞机想要向左倾斜时,副翼的偏转与向右倾斜的操作相反。

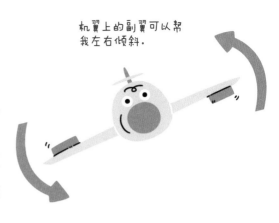

机翼上的副翼可以帮我左右倾斜。

来,左转!

飞机是如何实现偏航的?

飞机的偏航主要依靠位于尾翼中间,可以左右偏转的方向舵。当飞机需要向左偏航时,方向舵会向左偏转,气流会对尾翼产生向右的力,使得机头向左偏转。当飞机需要向右偏航时,方向舵则向右偏转。

克克罗时间

飞机的机翼外侧装有一个看似不起眼,却举足轻重的装置——翼尖小翼。对于民航客机来说,翼尖小翼不仅可以减少阻力,还可以降低油耗,节约能源。每架安装了翼尖小翼的民航客机每年可以排放 1000 多吨二氧化碳,相当于 200 辆家用小轿车一年的排放量。

你为什么比我消耗的燃料少呢?

因为我有翼尖小翼!阻力小,更省力,更节能!

飞行员是怎么驾驶民航客机的？

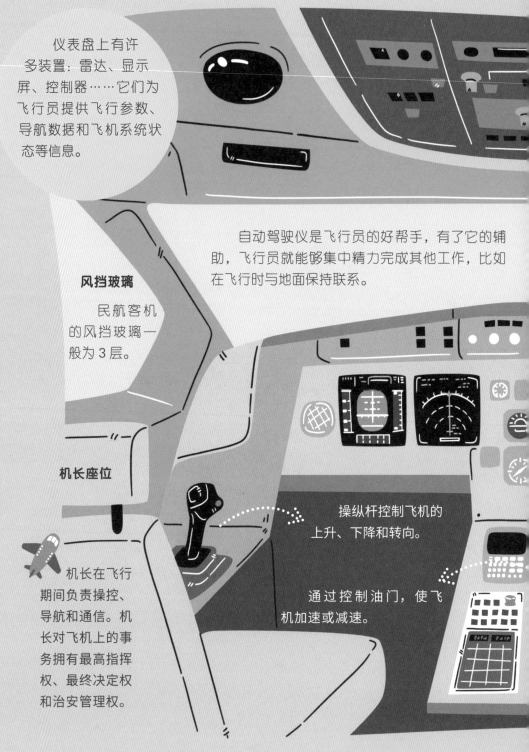

仪表盘上有许多装置：雷达、显示屏、控制器……它们为飞行员提供飞行参数、导航数据和飞机系统状态等信息。

自动驾驶仪是飞行员的好帮手，有了它的辅助，飞行员就能够集中精力完成其他工作，比如在飞行时与地面保持联系。

风挡玻璃

民航客机的风挡玻璃一般为3层。

机长座位

机长在飞行期间负责操控、导航和通信。机长对飞机上的事务拥有最高指挥权、最终决定权和治安管理权。

操纵杆控制飞机的上升、下降和转向。

通过控制油门，使飞机加速或减速。

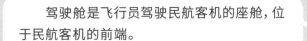

驾驶舱是飞行员驾驶民航客机的座舱,位于民航客机的前端。

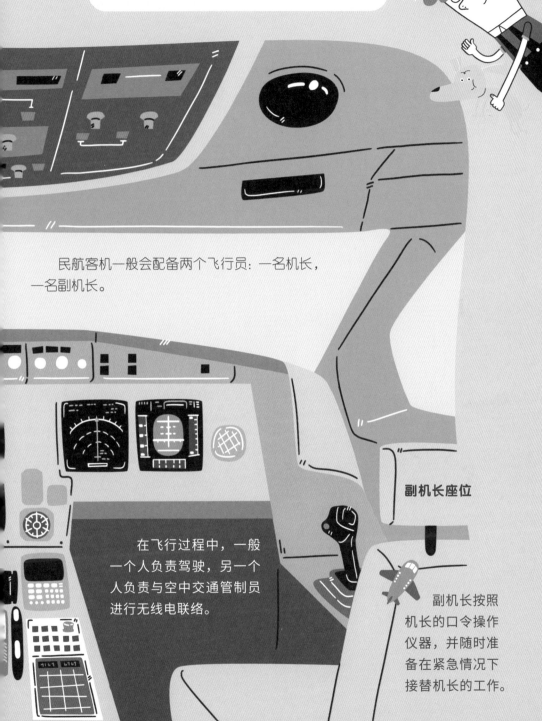

民航客机一般会配备两个飞行员:一名机长,一名副机长。

副机长座位

在飞行过程中,一般一个人负责驾驶,另一个人负责与空中交通管制员进行无线电联络。

副机长按照机长的口令操作仪器,并随时准备在紧急情况下接替机长的工作。

乘坐飞机的时候，如果遇到危险怎么办

乘坐民航客机出行是非常安全的，因为民航客机上准备了十分完备的安全设施：安全带、氧气面罩、救生衣、救生筏等，能够随时应对各种突发状况。你知道这些安全设施都放在什么地方，怎么用吗？

救生艇的位置

位于客舱过道顶部天花板上，一般配两个。

氧气面罩、救生衣、安全带的位置

分别位于客舱座椅上方、下方及座椅上。

应急出口的位置

分别位于民航客机机身的前段、中段和后段，有醒目的标识，而且每个应急出口处都有应急滑梯和应急绳索。

民航客机遇险逃生技巧

我们在乘坐飞机的时候，万一遇到迫降，千万不能慌，要听从乘务员的指挥，按照引导标识有序撤离。

将插片插入锁扣。　　　按住锁扣并拉住织带。　　　直至拉紧，完成！

1　　　　　　2　　　　　　3

航空安全带很重要！

可不要小瞧飞机上这一条小小的带子，在飞行颠簸和起飞降落时，安全带都发挥着保护我们人身安全的作用。

氧气面罩　　2

氧气面罩是为乘客提供氧气的应急救生设备。每个乘客的座位上方都有一个氧气面罩储存箱，当舱内气压降低到海拔高度 4000 米气压值时，氧气面罩便自动脱落，乘客只要拉下戴好即可。

正确使用很重要！

1

氧气面罩脱落后，用力向下拉面罩。

2

将面罩罩在口鼻处，进行正常呼吸。

3

拉紧面罩上的系紧绳，保证面罩完全贴合面部。

33

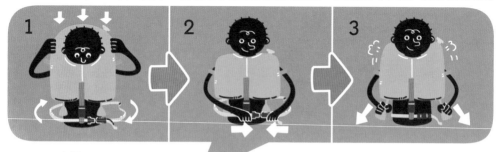

取出救生衣，经头部穿好。　将救生衣上的安全带系紧。　拉动充气手柄，救生衣自动充气。

1　2　3

救生衣在座椅下方！

救生衣　3

　　救生衣是飞机在水面迫降后，供单人使用的水上救生器材。救生衣放在每位乘客的座椅下方，救生衣上标有使用说明。当然，起飞前乘务员也会给乘客做示范。

应急滑梯　4

　　应急出口和机舱门处配备应急滑梯，当民航客机遇到紧急情况时，在乘务员打开舱门的同时，滑梯会自动弹出舱门，并在几秒钟内完成充气，方便乘客和机组人员撤离。

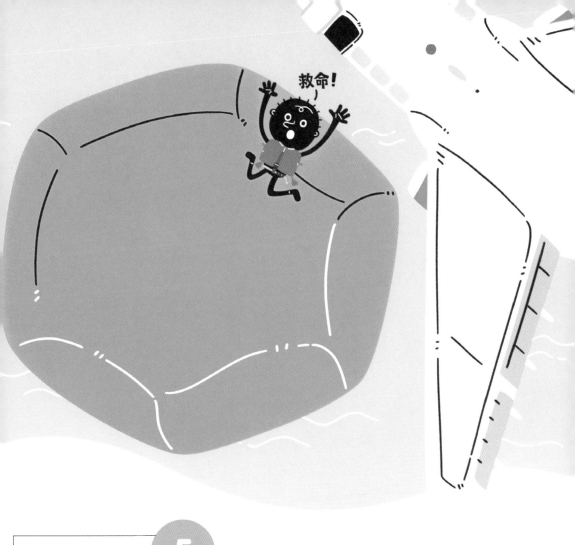

救命！

救生艇 ⑤

救生艇是当飞机迫降在水面时，供乘客和机组人员应急脱离飞机使用的充气艇。救生艇储存在机舱顶部的天花板内，需要时可立即取出并充气使用。

克克罗时间

民航客机上是没有降落伞的。这主要是因为跳伞具有很高的专业技术要求，普通人无法在短时间内掌握跳伞技巧。一般民航客机的载客量为二三百人，让这么多惊慌失措的乘客在飞机失控的情况下排着队跳伞，危险性可能更高！

飞机是怎么动起来的？

飞机这样的庞然大物是怎么动起来的呢？又是谁给飞机的电力设备和空调设备提供了能源？告诉你吧，秘密就藏在它的动力装置里。

民航客机仰视图

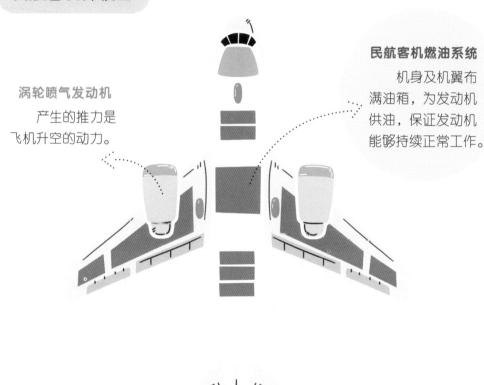

涡轮喷气发动机
产生的推力是飞机升空的动力。

民航客机燃油系统
机身及机翼布满油箱，为发动机供油，保证发动机能够持续正常工作。

大多数民航客机配备涡轮喷气发动机，这种发动机具有重量轻、体积小、功率大的特点，可以大幅度提高推力。民航客机一般有2—4台发动机同时工作。

涡轮喷气发动机剖面图

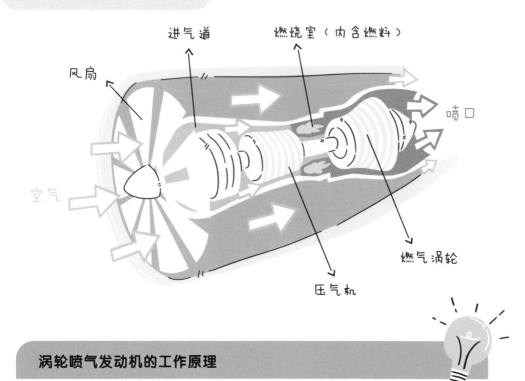

风扇　进气道　燃烧室（内含燃料）

空气　喷口

燃气涡轮

压气机

涡轮喷气发动机的工作原理

空气进入发动机经压气机加压后，再进入燃烧室，与燃料混合后点火，燃烧产生的高温气体向后喷出，以此产生推力。高温气体在喷出过程中驱动涡轮转动，涡轮转动会使高温气体加速喷出，并带动压气机工作，如此不断循环。

克克罗时间

活塞式航空发动机适用于中、低空飞行的直升机或小型飞机。涡轮螺旋桨发动机适用于中速（400—800千米/时）飞行的飞机。涡轮风扇发动机耗油率低、噪声小，是当前民航飞机的主要动力装置，也用于巡航导弹。

发动机是飞机的心脏。

飞机是怎么起飞和降落的？

　　起飞和降落是飞机运行过程中的常规动作，虽然很平常，但也饱含了设计师的心血。

民航客机侧视图

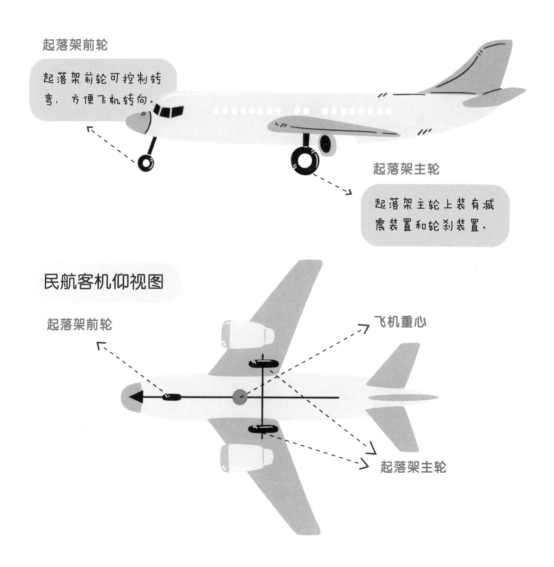

起落架前轮

起落架前轮可控制转弯，方便飞机转向。

起落架主轮

起落架主轮上装有减震装置和轮刹装置。

民航客机仰视图

起落架前轮

飞机重心

起落架主轮

　　前三点式起落架的两个主轮对称地安置在飞机重心后面，前轮位于机身前部，可以保证飞机在地面滑行时不会倒立和发生危险。

现代飞机的起落架大部分都是前三点式起落架，主要因为前三点式起落架的稳定性好，有利于飞行员操作。

民航客机起飞

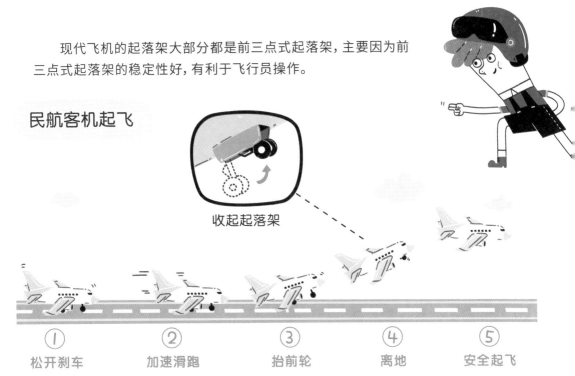

收起起落架

①	②	③	④	⑤
松开刹车	加速滑跑	抬前轮	离地	安全起飞

当民航客机在空中飞行时，就会将起落架收到机翼或机身之内，以获得良好的气动性能。

民航客机降落

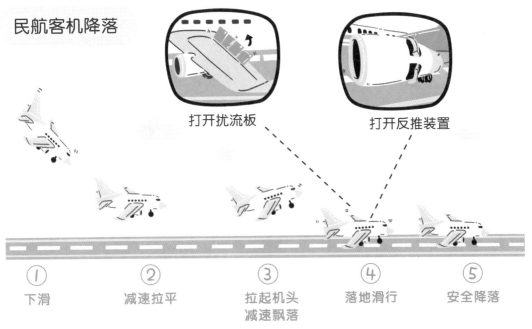

打开扰流板　　　　　　打开反推装置

①	②	③	④	⑤
下滑	减速拉平	拉起机头减速飘落	落地滑行	安全降落

当民航客机准备着陆时，会打开扰流板和反推装置（扰流板又叫减速板，能减少升力，增大阻力），帮助民航客机减速，然后会将起落架放下来，并让起落架的主轮先着陆。这样做可以更好地减轻民航客机在着陆时的颠簸，防止震动影响到机舱内的人员。

给飞机"体检"

安全不容忽视！民航客机在飞行了一定的里程后，很多设备和零部件会出现磨损等现象，工作人员必须对飞机的各个部件进行检查和测试，以确保飞机可以继续安全飞行。

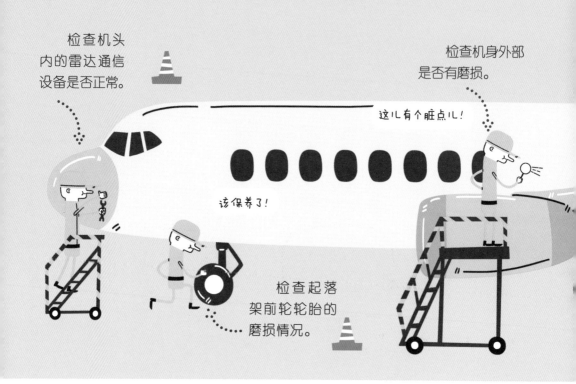

检查机头内的雷达通信设备是否正常。

检查机身外部是否有磨损。

这儿有个脏点儿！

该保养了！

检查起落架前轮轮胎的磨损情况。

民航客机飞行多久后需要保养?

以空客 A320 为例，民航客机每飞行 600 个小时，相当于连续不停地飞行了 25 个日夜，就要进行自查，包括客舱内部的整体结构的修理。

民航客机维修工程师就像是飞机的专属医生，他要用娴熟的技术为民航客机诊治一个又一个"疑难杂症"。为飞机的安全飞行提供了保障，是安全的捍卫者。

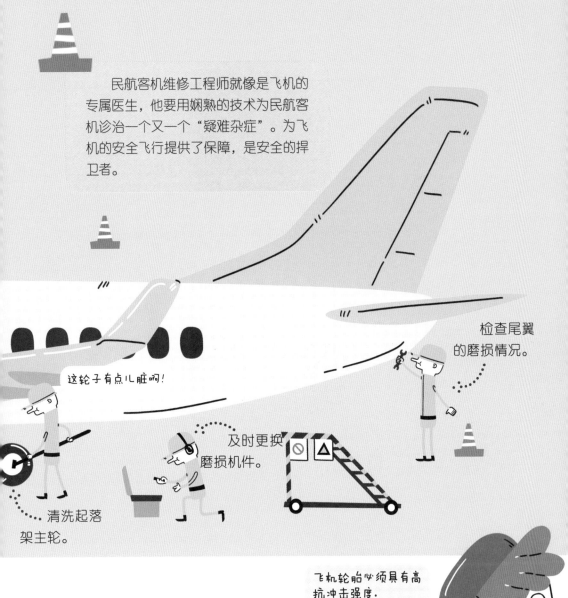

检查尾翼的磨损情况。

这轮子有点儿脏啊！

及时更换磨损机件。

清洗起落架主轮。

飞机轮胎必须具有高抗冲击强度。

克克罗时间

民航客机的轮胎在起飞和降落时都起到了很重要的作用，因此对轮胎的维修和保养也很重要。一个轮胎在连续使用了 250 个航班后，就需要保养了，在连续使用 1500 个航班后，就需要更换了。

你会自己乘坐飞机吗？

没有爸爸妈妈的陪伴，你会自己乘坐飞机吗？现在不会也没关系，看看克克罗是怎么做的。

请将行李放到传输带上！

A01

A02

2

哦，我应该去 A01 值机柜台办理登机牌，同时为无法随身带上飞机的行李办理托运。

登机手续办理
CHECK-IN

1

终于赶到机场了，在显示屏上找找我的航班信息。登机口在哪儿？什么时候登机呢？

我看看飞机晚点没？

4

通过安检后，在登机口附近的候机厅乖乖等候，留意广播播报的信息，准时登机。

3

办好值机啦！去安检区接受检查喽！因为我没携带任何违禁品，所以成功通过了检查。

克克罗时间

机场内用于检查行李的机器叫安检机，安检机主要依据行李里的物品对 X 射线的吸收程度的不同，来检查行李里是否有违禁品。不同的物体在吸收了不同程度的 X 射线后，会在安检机的屏幕上呈现出不一样的颜色。一般情况下，油、炸药等有机物显示为橙色，刀、枪等无机物显示为蓝色，以铝、硅为主要物质的混合物或当有机物与无机物重叠时显示为绿色，而红色多表明物品密度大或体积厚，不容易被 X 射线穿透。

克克罗小课堂：
关于飞机，你可能不知道的那些事

好啦！放松一下。我猜，现在你一定很想知道一些关于飞机的趣味小知识吧。

民航客机上的排泄物到哪儿去了？

早期民航客机上的排泄物会从高空直接排放，任它们自由飞翔；现在则会先存储在机腹的存储槽里，等飞机降落后由工作人员统一清理。

哇，好高呀！

阳光好刺眼！

民航客机起飞和降落时为什么要打开遮光板？

大约有60%的飞行事故发生在起飞后6分钟内或者着陆前7分钟内。在这两个时段打开遮光板可以让外部光线照射进来，以便于机组人员、乘客观察飞机外部情况，万一发生事故，有助于救援。

乘坐民航客机时可以使用手机吗？

以前乘坐国内航班时，起飞前通常都会听到："请您关闭手机……"如今，据民航局相关资料表示，部分航空公司已经开放了飞机上手机的使用。如果你不确定是否可以在飞机上使用手机，可在出行前询问相应的航空公司。

飞机上的黑匣子是做什么的？

黑匣子是用于记录飞机飞行数据和性能参数的仪器，可用于飞行事故分析。现代的黑匣子不是黑色的，是橙色或黄色的，便于人们在事故现场快速找到它。

如何给飞机加油？

一般机场主要的停机坪下面都铺设了可以输油的管道，管道连接油库。当飞机需要加油时，只需要将飞机停在指定的停机坪上，再用泵车把航空机油抽到机翼下方的油箱里就可以了。

有你在真好！

乘飞机可以带宠物吗？

中国民用航空局规定，乘飞机携带宠物须将宠物放在航班的有氧舱内作为行李托运。宠物通常不能随主人一起进入客舱，但经航空公司特许，导盲犬、助听犬等工作犬可以进入客舱。航空公司接受运输的小动物是指家庭驯养的狗、猫、鸟或其他玩赏宠物，野生动物和具有形体怪异或易伤人等特性的动物如蛇等，不能作为行李运输，但可以作为货物运输。

飞机窗户上为什么有个小洞呢？

唔，玻璃上有个小孔！

飞机窗户上的小孔是排放阀，不仅能平衡客舱与中层窗户和外层窗户之间的气压，还能避免玻璃上产生雾和霜。

只有我这里的窗户可以打开。

飞机上的窗户是否可以打开？

飞机客舱内的窗户是不可以打开的。因为飞机在高速飞行时，机舱外的气压会急速下降，为了保证乘客的安全，必须对飞机客舱的窗户密封增压。但飞机驾驶室两侧的窗户是可以打开的，主要是因为驾驶室的窗户是备用的紧急辅助出口，便于飞行员在发生紧急情况时逃生。

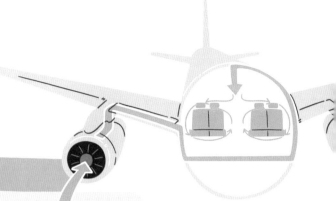

机舱里的氧气来自哪里？

　　一般情况下，飞机飞行的高度在 7000—12000 米之间，高空中空气稀薄。为了保证机舱内氧气供应正常，飞机的发动机会将抽取的空气经过加压、过滤后，再输入空调系统，供乘客和机组人员呼吸。

飞机引导员如何引导飞机准确地停到停机线上？

　　引导员一般站在飞机停机线前十几米的位置，使用国际统一手势，引导飞机对准滑行线减速滑行，并及时刹车。因为飞机驾驶舱距离地面较高，当飞机滑入预定的停机位后，飞行员无法观察到停机线的准确位置，必须由地面引导员提供滑行信号。

来，看我指挥！

飞行安全最重要！

飞机一直都是由飞行员操控的吗？

　　为了避免飞行员过度疲劳，现代飞机都装有自动驾驶系统，由机载计算机控制飞机自动飞行。但为了保证安全，起飞、降落以及遇到突发情况时必须由飞行员操控。

图书在版编目（CIP）数据

这就是飞机 / 上尚印像编绘. -- 长春 : 吉林出版
集团股份有限公司，2021.4（2022.6重印）
（机械里的科学课）
ISBN 978-7-5581-9844-1

Ⅰ. ①这… Ⅱ. ①上… Ⅲ. ①飞机—儿童读物 Ⅳ.
①V271-49

中国版本图书馆CIP数据核字(2021)第043964号

ZHE JIU SHI FEIJI

这就是飞机

编　　绘：上尚印像
责任编辑：袁　丁
封面设计：上尚印像
营销总监：鲁　琦
出　　版：吉林出版集团股份有限公司
发　　行：吉林出版集团青少年书刊发行有限公司
地　　址：长春市福祉大路5788号
邮政编码：130118
电　　话：0431-81629808
印　　刷：晟德（天津）印刷有限公司
版　　次：2021年4月第1版
印　　次：2022年6月第6次印刷
开　　本：720mm×1000mm　1/16
印　　张：3
字　　数：60千字
书　　号：ISBN 978-7-5581-9844-1
定　　价：20.00元